DNA
G
A
C

細胞分裂！解構DNA之謎

遺傳學入門班

卡洛斯・帕索斯　著／繪

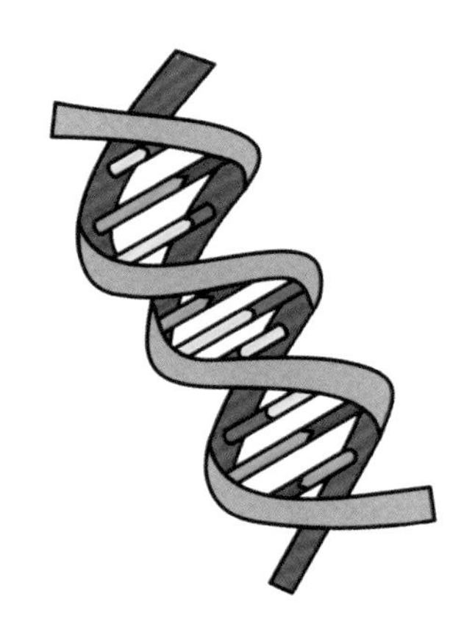

新雅文化事業有限公司
www.sunya.com.hk

你們好啊，未來的**遺傳學**小天才！

我叫天娜，是一名**醫生**。這是我的小狗，牠叫**孟德爾**。

你發現了嗎？孟德爾身上的毛髮是黃色的，而牠的三個兄弟卻是棕色的。

你想知道為什麼孟德爾長得不一樣嗎？

我們來靠近牠，仔細看清楚吧！這樣就能發現牠毛色的秘密了。

我們必須靠得好近好近，並用放大鏡或者顯微鏡來觀察。我們即將進入微小世界了！

哇！孟德爾的毛髮裏藏着好多蟎蟲！

這種蟲子很小，我們單靠眼睛，很難發現牠們的。

表皮細胞

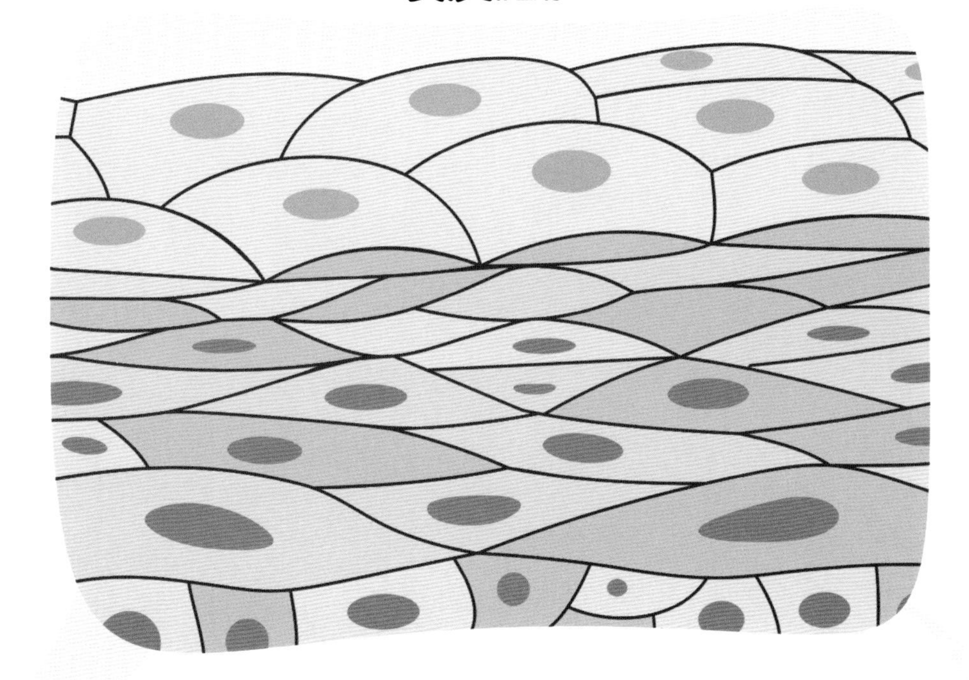

我們靠得越近，就越能夠發現更多新奇的東西。

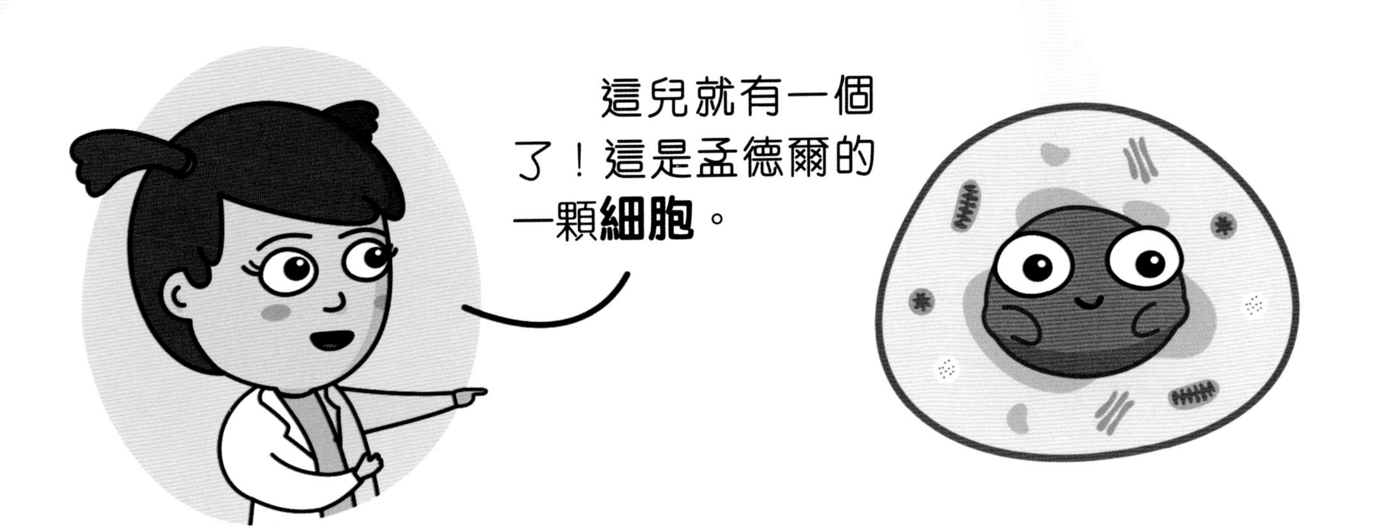

這兒就有一個了！這是孟德爾的一顆**細胞**。

　　世上所有大大小小的生物，包括我們自己，都是由細胞構成的。

動物細胞可分成不同的部分：

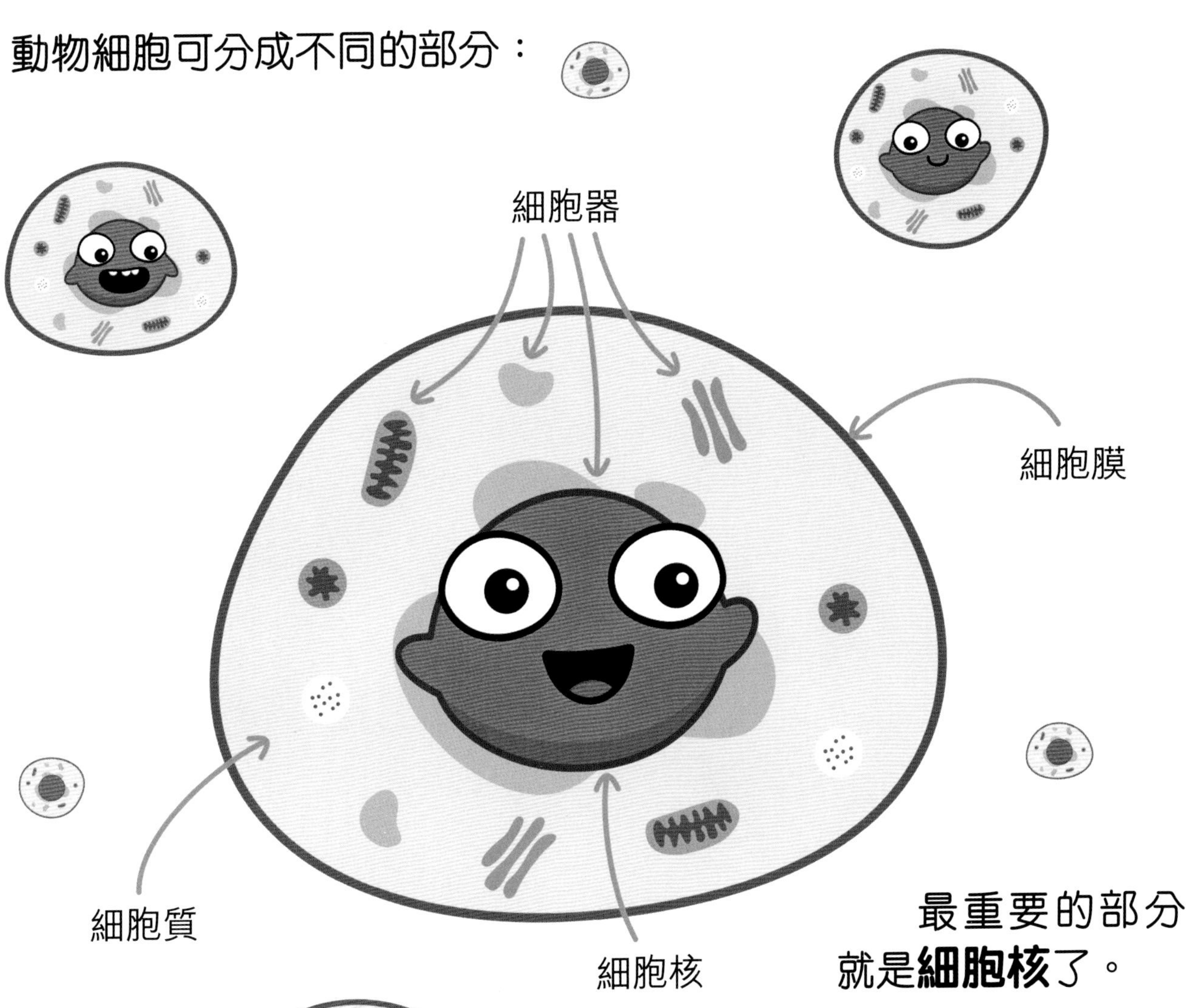

最重要的部分
就是**細胞核**了。

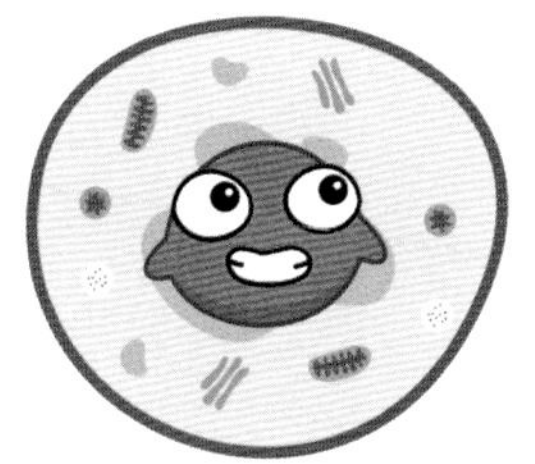

科學知多點

細胞的構造是怎樣的？

細胞的成分主要是水、蛋白質等。細胞最外層是細胞膜，細胞膜包圍着細胞核和細胞質，以及細胞質中的各種細胞器。

細胞核裏面，藏有
最特別的寶物……

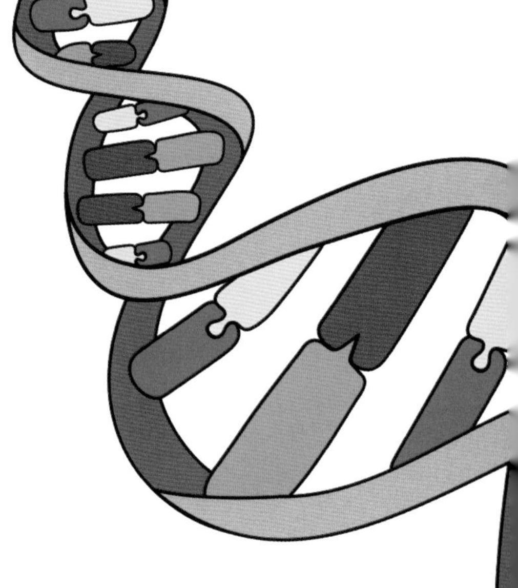

那就是DNA了！
它包含着生命的法則。

科學知多點

DNA代表什麼？

核酸一共有兩種，DNA是其中一種，是英文Deoxyribonucleic acid的縮寫，中文是去氧核糖核酸。

DNA是一條長長的信息鏈，由許多短短的單位組成，我們稱這些單位為**基因**。

DNA裏面記載了身體所有部位的基因。

扁黑的鼻頭！

兩隻長耳朵！

有些基因會告訴我們，為什麼鼻子會長成這樣……

……為什麼耳朵長成那樣。

還有一些基因告訴我們，孟德爾有多少條腿，有什麼顏色的毛髮。

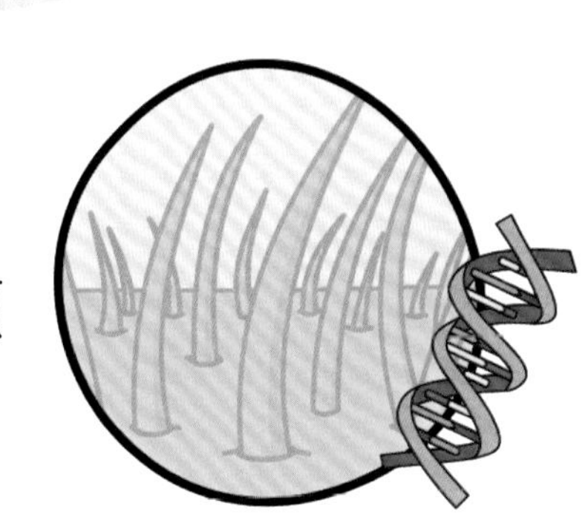

四條腿！

黃色的毛髮！

孟德爾的兄弟們基因與牠的有點不同，我們用肉眼都可以發現到吧！
棕色的毛髮。

如果我們再把基因拆開來深入觀察，就會發現牠們像一條拉鏈。

拉鏈能夠咬合，全靠上面有一些友好的**含氮鹼基**。它們只會跟友好的鹼基配對。

鳥嘌呤（粵音：鳥漂零） + 胞嘧啶（粵音：包密定）

腺嘌呤（粵音：線漂零） + 胸腺嘧啶（粵音：空線密定）

你看！並不是所有鹼基都能好好相處啊！這兩種就不能配對了。

科學知多點

DNA兩條長鏈是怎樣連起來的？

DNA鏈上排列着四種含氮鹼基：鳥嘌呤（英文代號G）、腺嘌呤（英文代號A）、胞嘧啶（英文代號C）、胸腺嘧啶（英文代號T）。G只跟C配對，A只跟T配對。

有時候，一些含氮鹼基會脫離DNA鏈，組成其他較簡單的鏈。那個鏈就是**mRNA**，能把基因編碼傳遞到細胞核外的地方。

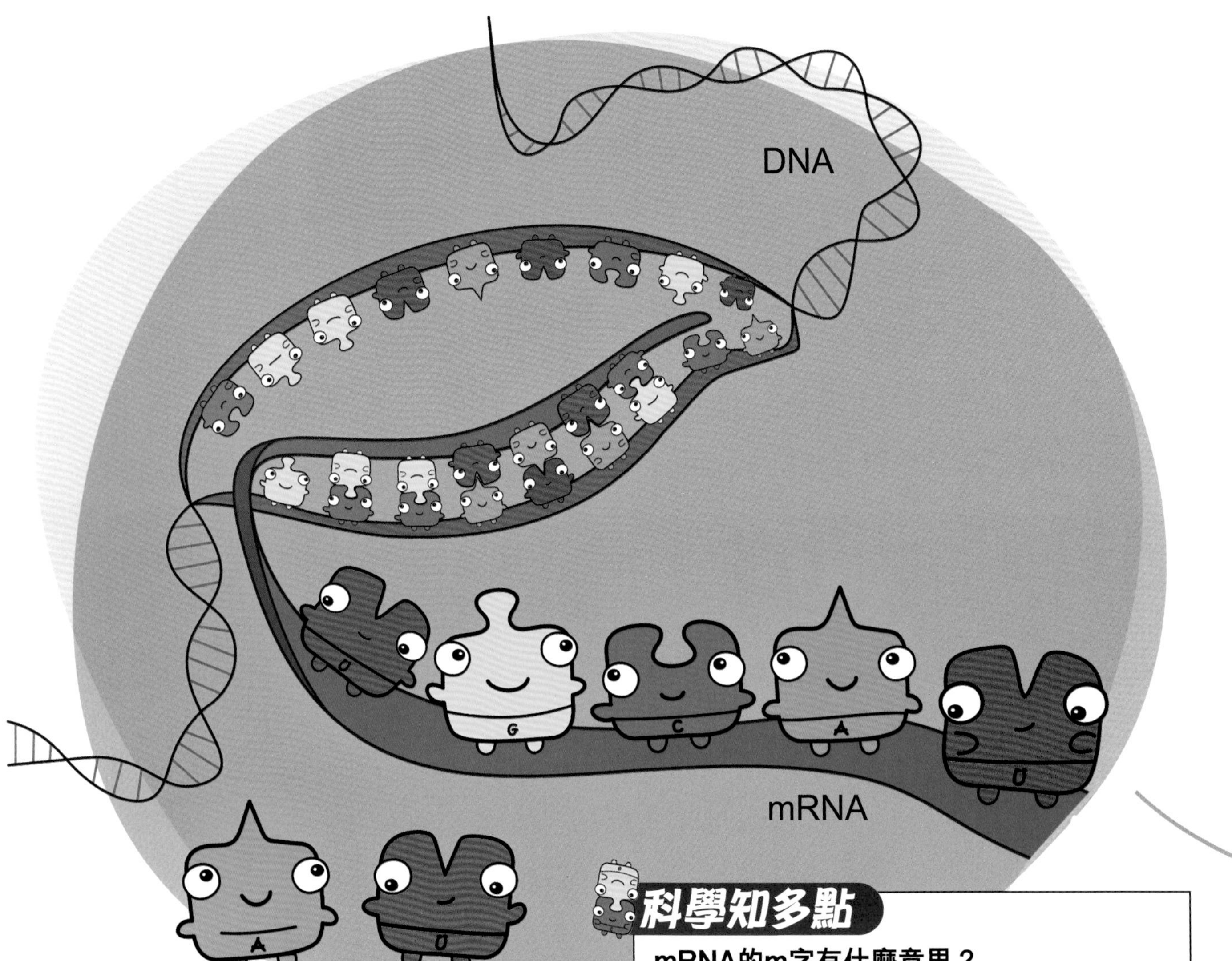

腺嘌呤 + 尿嘧啶
（粵音：尿密定）

科學知多點

mRNA的m字有什麼意思？

RNA是另一種核酸，是英文Ribonucleic acid的縮寫，中文是核糖核酸，帶有另一種含氮鹼基叫尿嘧啶（英文代號U）。RNA有不同類型和功能，負責傳遞基因編碼的RNA有如傳送文件的信差或信使，所以就稱為信使核糖核酸（messenger RNA，簡稱mRNA）。

細胞收到mRNA傳遞來的資訊後，會用上許多**氨基酸**來合成**蛋白質**。

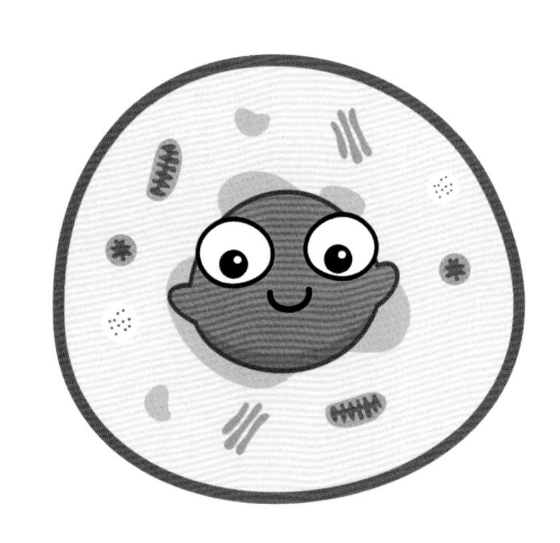

我們的身體得到了蛋白質及其他物質，就能去製造更多的細胞。

蛋白質

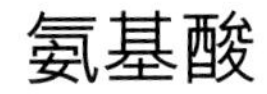

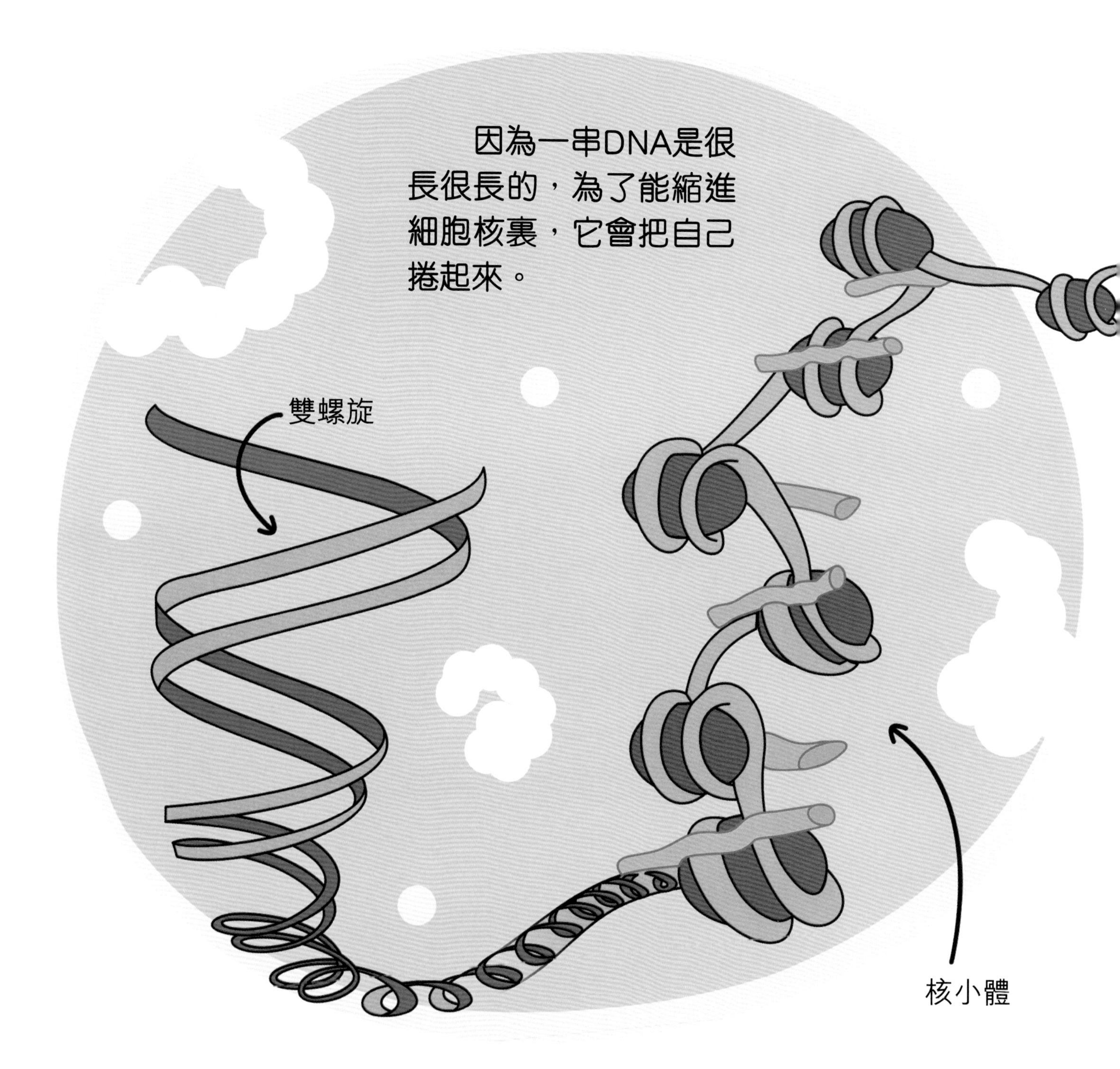
因為一串DNA是很長很長的，為了能縮進細胞核裏，它會把自己捲起來。
雙螺旋
核小體

為了準備一個新的細胞誕生，DNA就會組成多個**染色體**。

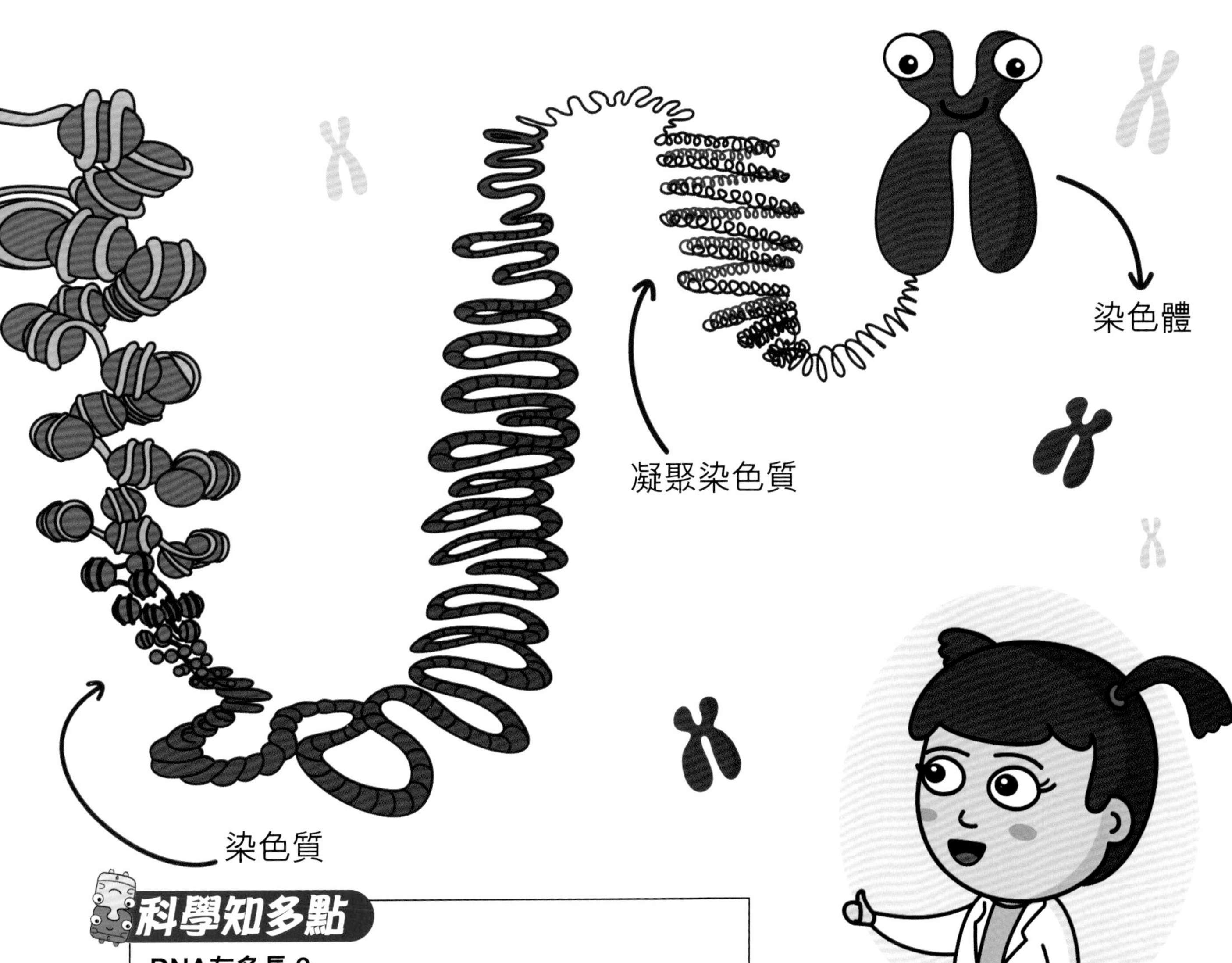

科學知多點

DNA有多長？

DNA拉長後，全長超過2米，要緊密纏繞才能藏進細胞核裏。DNA先組成核小體，一串核小體組成染色質及凝聚染色質，最後就濃縮成一個染色體。

科學知多點

人類的細胞內有多少個染色體呢？

人體細胞的每個細胞核中，有23對（46個）染色體。每個染色體有2條染色單體。

讓我們來看看染色體的真面目吧！

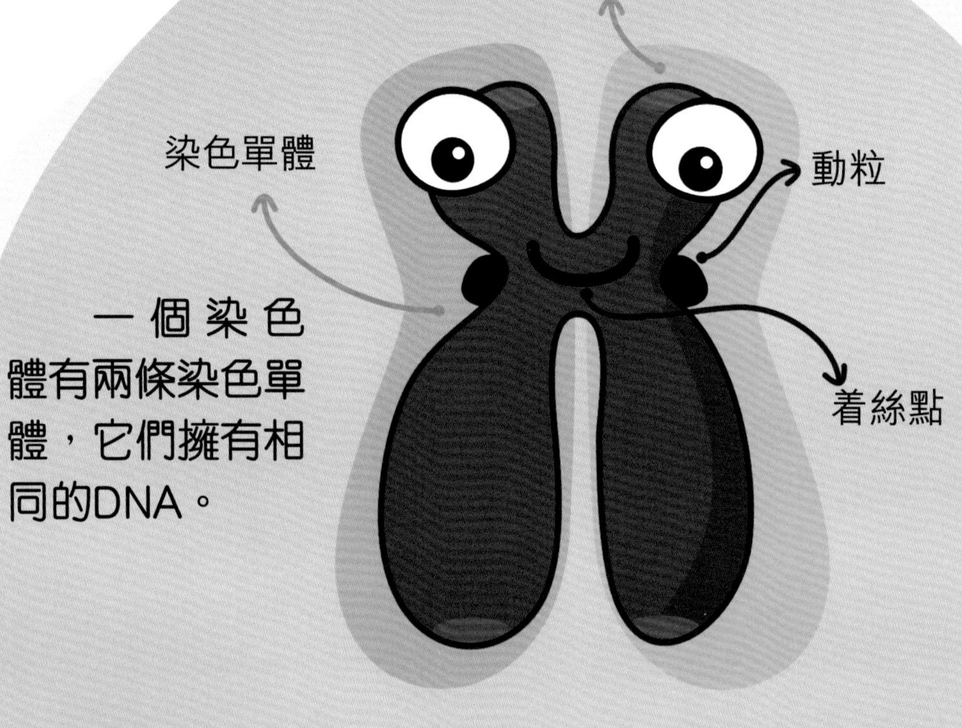

一個染色體有兩條染色單體，它們擁有相同的DNA。

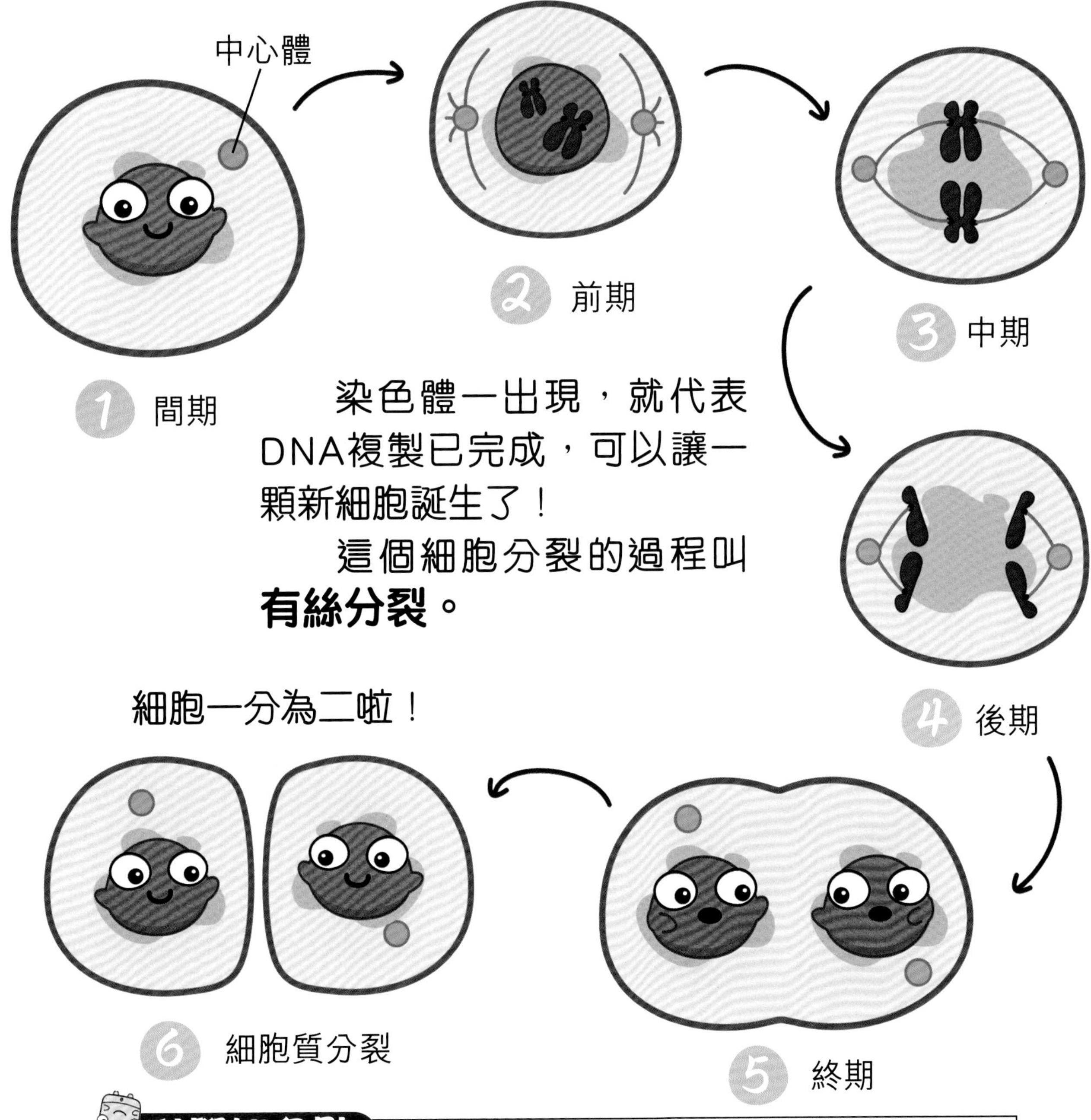

染色體一出現，就代表DNA複製已完成，可以讓一顆新細胞誕生了！

這個細胞分裂的過程叫**有絲分裂**。

科學知多點

細胞分裂時，為什麼會把染色體撕開？

染色體出現後，在細胞兩旁的中心體會伸出紡錘絲，連接上染色體的動粒上，把它們從中間的着絲點拉斷。分體了的染色單體各自被拉到細胞兩旁，因為它們擁有相同的DNA，可以把基因組平均分配到兩個新細胞中。

DNA太神奇了！但是，孟德爾的DNA是從哪裏來的呢？

那要從牠的祖父祖母說起啦。

祖父和祖母要繁殖下一代時，會各自把自己的DNA的一半存到生殖細胞裏。

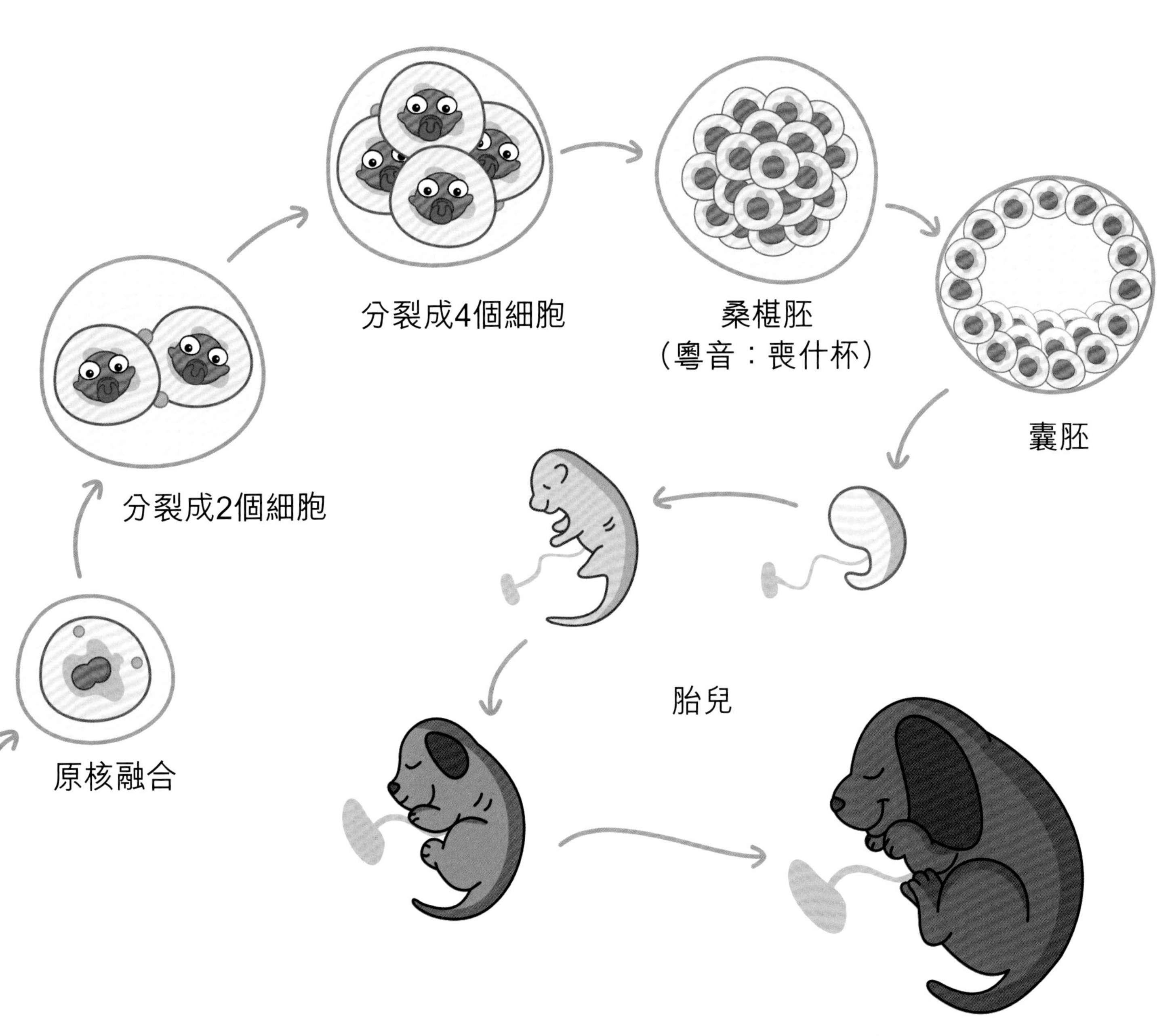

這個細胞會逐漸增殖，直到長成一隻狗寶寶。

那一隻狗寶寶就是孟德爾的爸爸了！牠的毛髮是棕色的，因為這是牠的毛色基因中的**顯性**特徵起了作用。

顯性
隱性
A
a
之後，孟德爾的爸爸長大了，變成了一隻英俊的大狗，然後跟孟德爾的媽媽結婚了。
A
a
a
A
牠們有一樣的毛色，但牠們的DNA裏，其實都藏有黃色毛髮的**隱性**基因。

結婚後不久，牠們生下了四隻小狗，就是孟德爾和牠的兄弟了！

牠們每一隻都從爸爸媽媽那裏，得到各半不同的毛色基因。

孟德爾繼承了兩個黃色的毛色基因，而牠的兄弟只繼承了一個黃色的基因，或者一個都沒有。

科學知多點

哪些特徵是顯性特徵？哪些是隱性呢？

以頭髮或眼睛的顏色為例，當兩種相對特徵的基因同時存在時，只有其中一個特徵會顯示出來，佔有優勢而蓋過另一方的特徵是顯性（如黑頭髮、黑眼睛），另一方弱勢的就是隱性（如金頭髮、藍眼睛）。

所以，只有孟德爾才長得黃澄澄啊！

現在我們已是**遺傳學**的專家啦，我們終於揭開了孟德爾毛色的秘密了！

各位小天才，再見！

STEAM小天才
細胞分裂！解構DNA之謎　遺傳學入門班

作　　者：卡洛斯・帕索斯（Carlos Pazos）
翻　　譯：袁仲實
責任編輯：黃楚雨
美術設計：蔡學彰
出　　版：新雅文化事業有限公司
香港英皇道499號北角工業大廈18樓
電話：(852) 2138 7998
傳真：(852) 2597 4003
網址：http://www.sunya.com.hk
電郵：marketing@sunya.com.hk
發　　行：香港聯合書刊物流有限公司
香港荃灣德士古道220-248號荃灣工業中心16樓
電話：(852) 2150 2100
傳真：(852) 2407 3062
電郵：info@suplogistics.com.hk
印　　刷：中華商務彩色印刷有限公司
香港新界大埔汀麗路 36 號
版　　次：二〇二一年四月初版

ISBN: 978-962-08-7706-3
Original Title: *Futuros Genios: Genética*

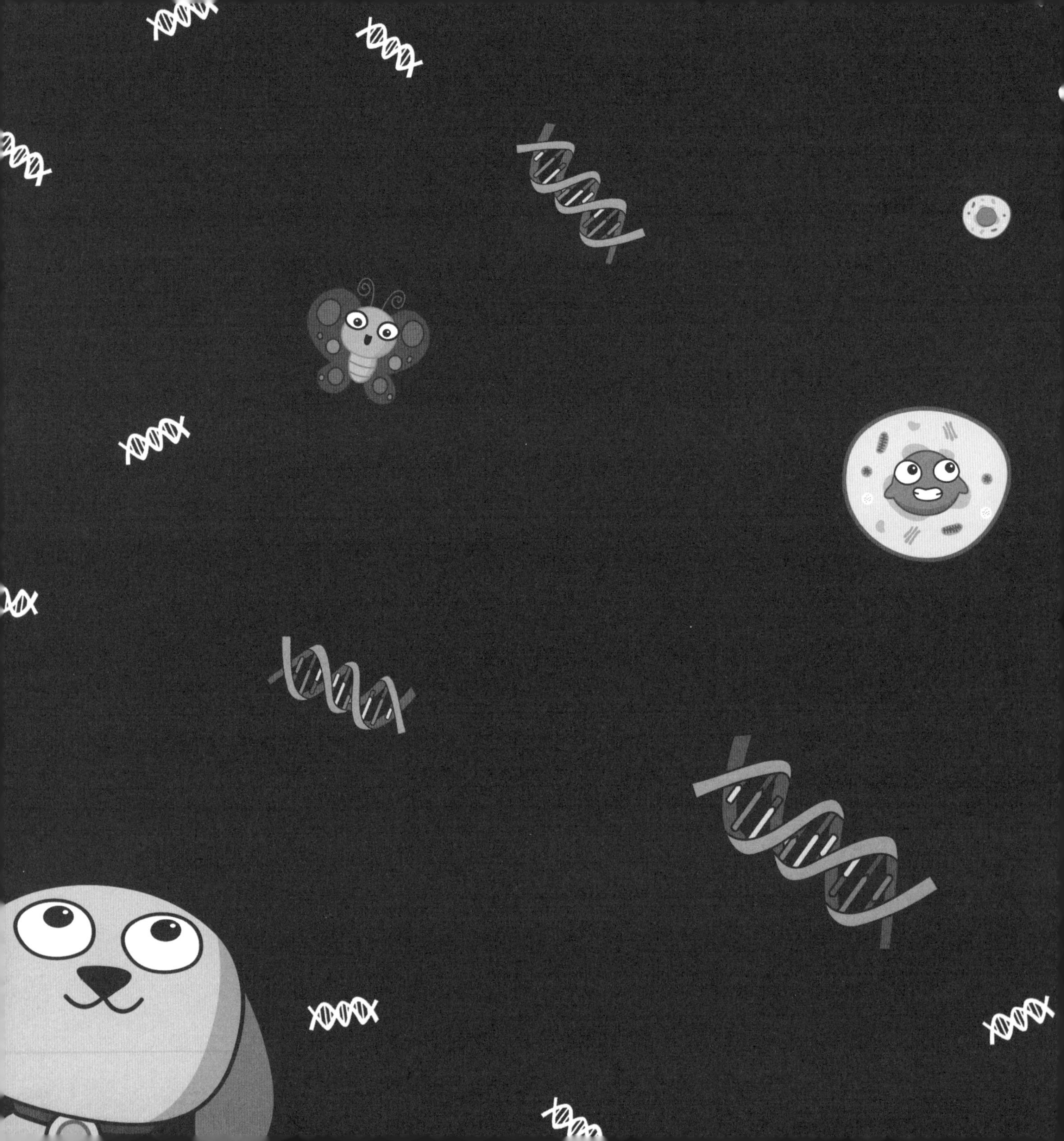